AF586194

CONSIDÉRATIONS PRATIQUES
SUR
L'ENGRAISSEMENT DU GROS BÉTAIL
AU PATURAGE

Par Léon PASCAULT

I

De nos jours, la production de la viande prenant dans l'industrie agricole une place de plus en plus prépondérante, on ne saurait attacher une trop grande importance à l'étude des diverses méthodes d'engraissement du bétail.

En agriculture, tout est sujet à l'étude : on observe les faits dans leur diversité, on les examine avec attention et on en tire des conséquences.

Ce travail, que je livre à la publicité, est le fruit de longues observations et d'une pratique réfléchie ; je me plais à penser que les personnes intéressées à cette question y trouveront des données sérieuses.

II

Dans l'engraissement des bêtes à cornes, deux méthodes principales sont en présence :

L'engraissement au pâturage ;

L'engraissement à l'étable.

La première de ces méthodes, dont nous nous occuperons exclusivement ici, consiste, en principe, à nourrir des bovidés en liberté, dans des herbages assez touffus et assez substantiels pour les engraisser.

Ces herbages privilégiés portent le nom d'*embouches* en Normandie, d'*embauches* en Charolais et en Nivernais, de *montagnes à graisse* en Auvergne, enfin, dans les anciens marais desséchés de la Charente-Inférieure et de la Vendée, sont engraissés des bœufs désignés sous le nom de *maraichins*.

En principe, l'engraissement des bovidés au pâturage semble des plus simples, et cependant la somme des bénéfices qu'il procure est subordonnée à des considérations multiples, exigeant, de la part des herbagers, des qualités professionnelles indispensables.

En effet, sous l'influence de l'engraissement au pâturage, l'économie animale subit des modifications qui diffèrent suivant qu'on opère dans un herbage plutôt que dans un autre, sur des sujets plutôt que sur d'autres, sur des animaux jeunes ou sur des vieux, sur des bêtes maigres ou sur des bêtes en bon état, etc., etc.

Nous allons examiner, en particulier, ces différentes considérations ; chercher le rôle qu'elles jouent, voir quelles inductions on peut en tirer pour servir à ce mode d'engraissement.

III

Choix des animaux destinés à l'engraissement; — données tirées des caractères extérieurs servant à apprécier l'aptitude à l'engraissement.

Pour déterminer le choix des bêtes d'engrais, il faut surtout se placer au point de vue de la production de la viande, s'inspirer des goûts de la boucherie, ne juger les animaux pratiquement que par leurs aptitudes, — ce que les herbagers appellent leur nature.

Règle générale : les bœufs qui ont une ossature prononcée, des éminences très saillantes, des jambes trop longues, une peau très épaisse et sans souplesse, le poil rude, grossier, l'œil sauvage et inquiet, des mouvements brusques, sont les moins aptes à l'engraissement.

On doit accorder la préférence à ceux qui ont la conformation suivante : une tête légère, courte, des yeux doux, des cornes minces, blanches et contournées horizontalement en avant ; — les cornes remontant en l'air et en arrière indiquent généralement un animal peureux et sauvage.

On doit surtout s'attacher au grand développement de la poitrine et des régions crurales, c'est-à-dire : les côtes arrondies et le flanc court, les épaules larges et charnues, les lombes larges et fortement musclées, les hanches écartées sans trop saillir, les muscles des fesses et des cuisses très charnus, volumineux et descendant en saillie arquée près des jarrets. Le ventre rond, assez développé, indique que l'animal est doué d'un fort appétit, qu'il est grand mangeur.

Maniements. — Dans l'acquisition des bêtes d'engrais, il importe de rectifier le coup d'œil, quelquefois trompeur, par des maniements opérés sur les principales parties où s'accumule la graisse.

C'est le toucher qui permet à l'acheteur d'apprécier si un animal pourra arriver à un poids donné, à un état plus ou moins parfait d'engraissement. Cette appréciation ne s'acquiert que par une longue expérience personnelle.

Les principaux maniements sont : le *travers*, la *côte*, l'*œillet*, le *cœur* ; ce dernier, placé derrière l'épaule, est très important, car lorsqu'il est tendre et très épais, il est l'indice d'un engraissement facile.

En opérant les maniements, il est essentiel de rencontrer une peau souple, assez épaisse, moelleuse, soyeuse, se détachant facilement et de la chair et des os; indiquant ainsi l'abondance du tissu cellulaire sous-jacent, dans lequel les éléments graisseux font lieu d'élection.

La rareté, la densité du tissu conjonctif annonce peu de propension à prendre la graisse.

Appareil dentaire. — Au point de vue d'une bonne mastication, il est prudent d'examiner l'appareil dentaire, de se rendre compte de son bon fonctionnement, car d'une bonne mastication dépend une bonne digestion.

Caractère. — Il est bon aussi de s'assurer du caractère de l'animal : la douceur indique un tempérament lymphatique, et partant une grande facilité d'assimilation. Un animal farouche, au contraire, toujours inquiet, cessant de manger au moindre bruit, met plus de temps à s'engraisser.

Taille. — La boucherie préfère les bœufs de taille moyenne à ceux dont les proportions sont extrêmes, L'herbager aime également mieux des bœufs ordinaires que des animaux si grands, plus difficiles à bien engraisser, en raison des besoins considérables de leur énorme corpulence.

En rencontrant toutes les perfections que nous venons d'énumérer sur le même individu, on aura toutes les probabilités de le mener rapidement à un bon état d'embonpoint.

Est-ce à dire, par ce qui précède, qu'il

faudrait conclure qu'une conformation défectueuse exclut toute aptitude à prendre la graisse ? Admettre le principe serait méconnaître le côté pratique de la question qui nous occupe ; ce serait nier des faits journellement observés d'engraissement, même avancé, sur des sujets dont la conformation est loin d'être régulière (1).

Mais ce qu'on peut dire, c'est que de deux bœufs gras, le plus productif, celui qui donnera le plus de viande de première qualité, sera toujours celui qui se rapprochera le plus de la régularité et de l'ampleur des formes.

Races. — Aucune de nos races françaises ne résiste à l'engraissement au pâturage, mais toutes n'ont pas la même aptitude. Car, si on ne peut avancer que la production de bons bœufs de boucherie est le privilège exclusif de certaines races, on ne peut nier que quelques-unes soient plus aptes à en-

(1) Baillet.

graisser que d'autres ; qu'elles prennent la graisse plus uniformément et soient plus estimées de la boucherie.

Les plus recherchées sont celles qui, avec une ossature modérée, un squelette réduit, présentent le plus d'ampleur dans les régions fournissant la chair de première qualité, tout en donnant le rendement maximum en viande nette.

Dans les bêtes d'herbe, la boucherie accorde ses préférences au charolais-nivernais, pour la belle coupe persillée de sa chair, et surtout pour l'épaisseur et la densité de ses muscles, qui font que son rendement est supérieur à celui des autres races ; au normand, principalement, pour le juteux et le savoureux de sa viande ; elle néglige le salers et le maraichin : le premier, trop fortement charpenté, manque d'ampleur dans les fesses et les cuisses et ne rend pas en poids ; elle reproche surtout au second sa viande grossière et d'une mauvaise conservation.

Les autres races françaises, exceptionnellement engraissées au pâturage, ne manquent pas, pour cela, d'aptitudes pour ce mode d'engraissement ; toutefois, elles ne viennent qu'après le nivernais et le normand.

Quant au durham, s'il est plus précoce et plus apte à s'engraisser que la pluralité de nos races indigènes, il est peu apprécié du consommateur : sa viande est d'un gras huileux, passable à rôtir, mauvaise à bouillir ; sa chair n'offre pas une belle coupe, elle est à grains peu serrés, souvent brune et jamais persillée. Sa graisse, presque toute en couverture, est molle, sans consistance et domine beaucoup trop sur la chair. Cette prédominance des corps gras et gélatineux (éléments organiques) sur la fibrine et l'albumine (corps organisés) est un grave défaut, au point de vue de l'alimentation. Sans doute, le durham, avec son squelette réduit, ses formes correctes, bondé de graisse par un engraissement excessif, figure très bien sur les concours, mais il donne à l'abatage une proportion de chair relativement restreinte.

En un mot, sa viande est moins nutritive, moins succulente ; le tissu adipeux l'emporte trop sur le musculaire et la quantité d'osmazôme du bouillon est moindre d'autant.

Or, en matière de production de la viande, l'intérêt du producteur doit se trouver d'accord avec l'intérêt public.

Nous lui préférons donc ceux de nos bœufs engraissés qui offrent, par leur masse charnue, un rendement plus fort et plus net.

Toutefois, ajoutons, pour être juste, que la précocité et l'aptitude à l'engraissement communiquées par des croisements durham à quelques-unes de nos races, sont un bienfait réel pour l'alimentation publique.

Seulement, ces croisements, ne devant pas dépasser le but qu'on se propose, doivent être judicieusement opérés, et avec un grand discernement.

En somme, au point de vue de la

production de la viande et des goûts de la boucherie, on peut classer les races, habituellement engraissées dans nos herbages, comme suit :

1° Charolais-nivernais et normands ;
2° Manceaux, bretons et durhams ;
3° Salers et maraichins.

Age.— L'âge auquel on doit commencer l'engraissement au pâturage est subordonné au plus ou moins de précocité et d'aptitude de nos bêtes, ainsi qu'aux habitudes des localités où on opère : en effet, si on peut engraisser le durham et ses congénères de deux à trois ans, le salers, au contraire, n'est apte à bien prendre la graisse qu'à l'âge de six à sept ans.

Dans tous les cas, l'herbager a intérêt de choisir des animaux de quatre à sept ans. A cet âge, ils possèdent toute leur force digestive ; la nutrition et l'assimilation sont parfaites, et les tissus sont facilement imprégnés par la graisse et les éléments azotés, qui donnent à la viande ses propriétés réellement nutritives.

La trame musculaire est complètement formée ; par conséquent, le travail assimilateur n'a plus qu'à emmagasiner la graisse autour des fibres musculaires plus épaisses et plus denses, ce qui leur donnera le persillé, le volume et le poids. En un mot, ces animaux répondent mieux aux besoins de l'alimentation et aux habitudes de la consommation que ne sauraient le faire des sujets de deux à trois ans.

Trop jeunes, en effet, les bovidés prennent difficilement la graisse. Leur accroissement se faisant concurremment avec l'engraissement, une bonne partie de la nourriture est employée au développement et se porte sur des parties qui, pour la consommation, n'ont pas de valeur ; tels sont les os et les ligaments.

L'engraisseur n'a donc pas avantage a acheter des bêtes qui ne sont pas complètement développées. Trop vieux, les sujets, épuisés par le travail ou la lactation, ont les chairs émaciées, sèches, peu disposées à l'infiltration graisseuse. Puis la dentition est souvent mauvaise, et les facultés digestives et assimilatrices sont amoindries.

On conçoit le désavantage d'engraisser des animaux semblables : ils arrivent difficilement à l'état de graisse et ne fournissent à la boucherie qu'une faible quantité de viande dure et d'une digestion difficile.

Etat du sujet.— Il en est de même des animaux très maigres, épuisés par une mauvaise alimentation ou un travail forcé. Ils sont facilement reconnaissables à leur peau dure, collée et sans souplesse ; aux poils piqués et aux muscles émaciés. En pareil cas, il faut accorder une grande importance à l'état des maniements du cœur, de la côte : s'il y a dureté du ganglion, rareté et densité du tissu conjonctif sous-jacent, les animaux sont dits durs et difficilement engraissables. Si au contraire, malgré la maigreur, le maniement du cœur reste bon, si la peau, souple, se détache facilement, il y a espoir de réussir.

Le repos et un certain embonpoint sont des conditions qui rendent l'engraissement plus facile, plus prompt et plus complet. Toutefois, il importe de s'assurer si cet état d'embonpoint n'est pas dû à des tourteaux ou à des grains. Car, dans ce cas, les animaux sont longtemps à prendre l'herbe, et maigrissent d'abord plutôt que d'engraisser.

Castration.— L'herbager tiendra compte également du mode de castration : Le bœuf bistourné reste vert, coureur, dérange les autres, engraisse mal et donne une viande assez grossière. Celui qui a été castré tardivement se reconnaît à sa tête forte et large à sa base, à son encolure courte, épaisse, bombée, plissée supérieurement ; à son devant épais et lourd, comparé au train postérieur, toujours plus mince.

Le bœuf, castré jeune, au contraire, et par ablation, est généralement doux, patient et donne une chair plus fine et mieux pénétrée de graisse.

Sexe. — Un préjugé, assez généralement répandu, veut que la viande de vache vaille moins que celle du bœuf : si cela est vrai pour les vaches âgées et épuisées par la lactation, l'erreur est manifeste pour les vaches de 3 à 6 ans, dont la viande n'est pas inférieure à celle du bœuf. Certains, même, la trouvent plus fine. Néanmoins, règle générale : les vaches grasses ont une valeur relative moindre que celle du bœuf.

La nivernaise, seule, fait exception, car, par un système de roulement mis en usage dans l'élevage, elle est généralement engraissée avant l'âge avancé et n'est jamais épuisée par la lactation, étant médiocre laitière.

Aussi, a-t-elle toutes les qualités du mâle et est-elle aussi recherchée par la boucherie.

L'herbager qui engraisse des vaches a donc tout intérêt à les acheter jeunes et à donner, dans la mesure du possible, la préférence à la vache charolaise-nivernaise.

Il est reconnu que l'état de gestation, en annihilant tout instinct génésique, favorise l'engraissement chez les vaches; il convient donc de mêler, aux vaches d'un pâturage, un taureau qui les fécondera successivement.

On le choisit jeune, afin qu'il n'écrase pas les petites vaches et ne devienne pas trop méchant en liberté.

HERBAGES PROPRES A L'ENGRAISSEMENT.

Le problème de l'engraissement au pâturage, écrit M. le professeur Sanson, consiste à obtenir, durant la saison d'herbe, le plus fort poids de viande grasse, en utilisant celle-là dans les meilleures conditions.

Cet autre axiome lui convient également :

Engraisser un bœuf à l'herbe, c'est essayer de se rembourser, au taux le plus élevé, des frais occasionnés par son entretien.

Ce mode n'est donc vraiment lucratif

qu'autant qu'on opère dans des herbages plantureux, absolument propres à l'engraissement.

Tout est en raison de la puissance productive des herbages ; et l'augmentation du poids des animaux est subordonnée à la quantité et surtout à la qualité de l'herbe.

Les bêtes d'engrais doivent donc trouver autant d'herbe fraîche que leur appétit leur permet d'en consommer, en ne se déplaçant que le moins possible.

Aussi, doit-on établir une distinction entre les prairies propres à l'élevage et celles propres à l'engraissement, et bien se pénétrer que tel pâturage, bon à entretenir des bovidés, ne peut les engraisser avantageusement.

Nous avons dit que les herbages, véritablement propres à engraisser le gros bétail, étaient l'apanage de la Normandie, du Charolais, du Nivernais, de l'Auvergne et de la Vendée.

Ces contrées doivent ce privilège à la nature de leurs sol et sous-sol. En général, ce sont des terrains d'alluvion, enrichis par des inondations périodiques, ou des terrains à base argilo-calcaire, souvent mélangés de couches arables, formées par les courants diluviens.

Il existe, dans ces terrains, une grande fertilité et une certaine fraîcheur qui font que l'herbe repousse presqu'à mesure qu'elle est tondue.

Ce qui fait, toutefois, la principale richesse des plus anciens herbages, c'est la masse d'humus amassé à la surface du sol par une dépaissance immémoriale.

Les exploitations herbagères offrent ordinairement des pâturages différents de nature, de sol et de qualité; aussi l'herbager est-il tenu de réserver ses prairies les plus grasses pour ses gros bœufs et de consacrer les pâturages moins substantiels à ses petits bœufs ou à ses vaches. S'il s'écarte de ces conditions dictées par la nature et l'observation, il réussit bien rarement.

Embouches. — La Normandie est certainement la contrée de France la plus riche en herbages de ce genre.

Elle doit au voisinage de la Manche un climat particulièrement humide et tempéré; elle est, de plus, arrosée par de nombreux cours d'eau : de là, sa fertilité, la grasse abondance de ses pâturages et leur sombre verdeur. Il y a, en outre, dans son sol, il existe dans les sucs propres de ses herbes, dans son air marin, des éléments salins qui contribuent à donner au bœuf normand le juteux et le savoureux qui font sa réputation.

Les meilleures embouches de la Normandie, situées dans les grasses vallées formées d'alluvions successives, ou à base argilo-calcaire, entourées de fossés plein d'eau, donnent une herbe fine, tassée, touffue, toujours fraîche et repoussant presqu'à mesure qu'elle est mangée.

Dans ces pâtis abondants, on peut engraisser deux bœufs de 4 à 500 kil., à l'hectare ; ce que n'atteignent pas les prés plus élevés ou situés à mi-côte, qui reçoivent rarement des engrais d'irrigation. Moins plantureux que les précédents, ces derniers manquent de fraîcheur ; l'herbe y pousse plus rude, elle est moins tassée.

Embauches. — Les pâturages du Charolais sont réputés de temps immémorial. Aussi précoces que les herbages normands, presqu'aussi plantureux, ils ne peuvent, néanmoins, faire autant de bêtes grasses, dans une étendue donnée. Et cela s'explique : conservant moins longtemps leur fraîcheur, l'herbe ne s'y renouvelle pas aussi facilement et ne résiste pas à la sécheresse.

Les *embauches* du Nivernais et de la vallée de Germigny (Cher) sont de création plus récente.

L'engraissement du bétail fut d'abord pratiqué sur les anciennes prairies formées d'alluvions et soumises aux débordements des cours d'eau. Puis, desséchant les nombreux étangs de ces régions, profitant de la haute fertilité de certains terrains argilo-calcaires, à sous-sol frais et peu perméables, par cela même très favorables à la végétation herbacée, on en fit la base de riches herbages.

Partout où la nature du sol s'y prêtait, où les irrigations étaient praticables, on créa d'excellentes prairies, et on développa l'engraissement du bétail par le pâturage exclusif. Dans ces contrées, les herbages gagnent chaque année en qualité, par la dépaissance continue. Comme en Charolais, trois bœufs y sont engraissés, en moyenne, par 2 hectares ; quelques-uns, les plus fertiles, vont jusqu'à un bœuf à l'arpent de 50 ares.

Montagnes à graisse. — Les herbages de l'Auvergne sont moins plantureux, moins touffus que ceux que nous venons d'énumérer.

L'herbe, longtemps recouverte par la neige, pousse tardivement et en petite quantité, mais elle est très fine et très nutritive.

On y fait habituellement une vache à l'hectare.

Quant aux pâturages maritimes de la Charente-Inférieure et de la Vendée, anciens marais desséchés, ils jouissent d'une végétation très active ; l'herbe y pousse avec une grande abondance. Aussi les bœufs du pays engraissent très bien et acquièrent un fort poids. Mais, comme nous l'avons dit plus haut, ils fournissent une viande qui manque de finesse et est d'une conservation difficile ; grave défaut qu'on pourrait, à la rigueur, attribuer à l'origine marécageuse de ces herbages.

Epoque de la mise à l'herbe. — C'est au printemps qu'on lâche les premières bêtes d'engrais dans les pâturages, alors que la pousse de l'herbe permet de les nourrir.

L'époque est toutefois soumise à l'influence des intempéries et varie avec le temps qu'il fait.

Ce moment est également subordonné à la précocité des herbages et au climat des localités.

En effet, en Normandie, où le climat est tempéré, la sortie des animaux se fait plus tôt que dans les contrées du centre.

Ce privilège de la Normandie permet même de faire passer l'hiver, dans les herbages, à un certain nombre de jeunes bœufs, qui se nourrissent de l'herbe laissée par ceux qui y ont passé l'été. On les désigne sous le nom de trembleurs, et ils sont les premiers engraissés.

Année commune, on commence à lâcher en Normandie et dans le Marais vers les premiers jours d'avril ; en Charolais et en Nivernais, vers la mi-avril ; tandis qu'en Auvergne, il y a impossibilité avant la fonte des neiges, c'est-à-dire vers le mois de mai.

Successivement, au fur et à mesure que les prairies se garnissent d'herbe, deux par deux, quatre par quatre, on arrive à compléter, vers la fin de mai, le nombre de têtes suffisantes pour peupler le pâturage.

Les premiers mis en liberté sont les

plus jeunes, les plus rustiques. Au printemps, au sortir de l'étable, ils mangent les herbes les plus précoces, venues à l'abri des haies et sur les lieux fumés par les excréments de l'année précédente. Plus tard, quand ils peuvent choisir, ils deviennent plus difficiles et dédaignent ces plantes, d'une végétation luxuriante, sans doute, mais désagréables à leur goût ou à leur odorat.

Nous venons de dire que l'époque de la mise à l'herbe était soumise à l'influence des intempéries. En effet, il faut bien se mettre en garde contre les gelées blanches tardives et les pluies persistantes du mois d'avril; car, par ces mauvais temps, les animaux parcourent beaucoup de terrains, défoncent l'herbe et piétinent le sol, dont ils perdent la primeur.

Je tiens à le répéter, ce moment de la mise au pâturage joue un rôle très important : trop tôt, surtout si on lâche des bêtes en trop grand nombre, l'herbe croît avec peine et ne peut prendre le dessus ; trop tard, ou si le petit nombre ne permet pas de consommer l'herbe à mesure qu'elle pousse, elle ne tarde pas à monter, à venir en tuyaux, en tiges. Or, les sucs nutritifs résident dans les feuilles herbacées ; si donc on laisse passer le bon moment de la végétation, l'amendement se trouve compromis.

Ainsi, d'un côté, il est urgent de faire manger l'herbe à mesure qu'elle croît, car en se développant trop, elle perd de sa qualité, malgré son abondance ; d'un autre côté, il faut se garder de charger les prairies prématurément, surtout si la saison n'est pas favorable ; car l'herbe, diminuant trop promptement, ne suffit plus à nourrir le nombre de bestiaux que l'on y a mis.

J'insiste sur ces principes, car il est essentiel de les bien observer pour la réussite de l'engraissement.

Durée de l'engraissement. — Le temps que dure habituellement l'engraissement est de quatre à cinq mois. Il varie, du reste, suivant l'âge, l'aptitude, l'état des animaux, selon la saison, selon les soins que reçoivent les herbages; suivant la quantité et surtout la qualité des eaux d'irrigation qui leur sont données pour entretenir l'herbe fraîche. D'une manière générale, les bœufs qui ont atteint tout leur développement, les plus fins, les plus en chair, les plus tendres sont les premiers gras. Les plus jeunes, chez qui la nutrition a un rôle plus complexe, devant produire le développement de toutes les parties, en même temps que l'accumulation de la graisse, engraissent plus tardivement et restent au pâturage jusqu'à la fin de la saison.

Epoque de la vente. — La vente ne se fait qu'au fur et à mesure qu'étant suffisamment gras, les bœufs ont pris le poil long, piqué, terne de la boucherie, et que la fermeté des maniements indique qu'ils ont atteint le maximum de l'engraissement. Ils sont dits, alors, mûrs et ne profitent plus. Les bœufs sont dits verts, au contraire, quand, durs d'amendement, ils conservent le pelage court, vif, luisant et offrent des maniements sans consistance. Ceux-ci sont encore susceptibles de grossir, d'engraisser et doivent être gardés plus longtemps. Les animaux qui sont gras vers la fin de juin, sont toujours les plus productifs; non seulement ils sont vendus 10 à 15 centimes de plus par kilo, mais aussi parce qu'ils font place à d'autres sujets si l'herbe ne fait pas défaut.

Entretien des herbages. — Les haies vives qui partagent les pâtures doivent être entretenues avec un grand soin et munies de doubles fossés, afin d'éviter le mélange inopportun des animaux de différents pâturages, cause de dérangements nuisibles à l'engraissement.

Or, le repos absolu en est une des principales conditions.

Il importe d'arracher impitoyablement les rejets des buissons, les chardons, les orties, les patiences, les bardanes et autres plantes qui empiètent sur l'herbe et dégoûtent le bétail.

Il convient aussi d'entretenir avec

soin les rigoles d'assainissement et celles d'irrigations.

La question des taupes n'est pas sans importance, au point de vue de l'entretien des herbages.

La présence d'un certain nombre de ces petits animaux est d'une grande utilité, détruisant les insectes et les vers qui rongent les racines des plantes herbacées. Puis facilitant, par les chemins qu'elles tracent dans le sol, la circulation de l'air et de l'eau d'irrigations, elles ameublissent et renouvellent ainsi le sol végétal des prairies.

Toutefois, il est sage d'entraver leur trop grande multiplication. En trop grand nombre, elles deviennent très nuisibles, bouleversant absolument et sol et gazon. Dans tous les cas, il est essentiel de répandre la terre des taupinières en même temps que les excréments des animaux.

Abreuvoirs. — L'état des abreuvoirs intéresse au plus haut point la réussite de l'engraissement, les animaux devant trouver à volonté de l'eau de bonne qualité.

La plupart des herbages, traversés par des cours d'eau ou possédant des sources, ont des abreuvoirs naturels et très bons. Mais il en est d'autres qui n'offrent pour abreuver le bétail que l'eau recueillie par les grandes pluies.

Dans les herbages, les abreuvoirs, véritables citernes à fonds argileux et imperméables, doivent être tenus avec les plus grands soins.

Pour la conservation de cette eau, des curages doivent être opérés fréquemment et en temps opportun; car la boue, la vase absorbent le liquide, le corrompent dans les grandes chaleurs et sont souvent le réceptacle de virus contagieux.

Il faut aussi éviter la présence d'arbres, d'arbrisseaux sur les bords des abreuvoirs : les feuilles, les détritus, en tombant dans l'eau, nuisent à sa qualité et la décomposent.

Irrigations. — Les eaux provenant des

lieux d'exploitation, des routes, des chemins, des champs cultivés sont excellentes pour les irrigations ; mais il faut bien se garder des eaux de forêts, qui, chargées de tannin, nuisent considérablement, par leur astringence, à la végétation herbacée.

Enfin, la présence de quelques arbres dans les pâturages n'est pas sans utilité : c'est à l'ombre que les animaux viennent se reposer, ruminer et s'abriter des ardeurs du soleil.

On a préconisé, dans ces derniers temps, l'emploi des tourteaux, appliqués directement comme engrais, pour améliorer les prairies. Nous ne croyons pas à l'utilité réelle de cette méthode dans les prairies d'*embouches*, et voici pourquoi : le tourteau ne peut se dissoudre que dans les parties humides des herbages, et il n'est pas suffisamment complet comme engrais.

D'un autre côté, nous l'avons dit plus haut, les herbages ne sont vraiment propres à engraisser le gros bétail d'une façon lucrative, que s'ils sont naturellement assez riches pour se passer d'engrais coûteux.

Les bons soins, le bon entretien des fossés d'irrigation et d'assainissement, seuls, sont indispensables.

On a recommandé également les tourteaux, pour augmenter la ration des animaux dans les herbages.

Il est deux circonstances où cet aliment concentré devient précieux pour mener à bien l'engraissement au pâturage : lorsque l'herbe fait défaut par suite de sécheresse; ou bien par les années très humides, quand l'herbe a perdu de ses qualités nutritives et relâche trop les sujets qui s'en nourrissent.

Ajoutons : l'emploi des tourteaux comme adjuvant est indispensable lorsque les agriculteurs persistent, bien à tort, à engraisser le gros bétail dans les prairies reconnues impropres à cette méthode.

Aussi bien, puisque nous sommes sur

le chapitre des tourteaux, devons-nous signaler ici le rôle important qu'ils jouent dans la production de la viande.

Mentionnons, d'abord, les avantages qu'on en retire dans les contrées industrielles du nord de la France, où les pulpes et les drèches, — aliments aqueux, — sont la base de l'engraissement ; ils sont tels que l'on regarde l'opération comme à peu près impossible sans cet aliment concentré.

Ce qui est incontestable, du reste, c'est le bénéfice donné par l'emploi des tourteaux, comme adjuvant, pendant toute la période de l'engraissement de pouture, et tout au moins pendant la dernière étape de l'engraissement mixte, celle de l'étable.

Les tourteaux les plus fréquemment employés sont : les tourteaux de lin, de colza, d'œillette, d'arachide et de sésame.

Tourteaux de lin. — Sont les mieux supportés et plus longtemps par le bétail ; donnent bon poil, régularisent la digestion, mais sont les plus coûteux et donnent à la viande, quoi qu'on en dise, un goût de suif, quand ils ont été donnés seuls.

Tourteaux d'œillette. — Très appétés quand ils sont frais, portent le plus au repos, à la somnolence dans les intervalles des repas, avantages précieux. Donnés sans gradation et sans mesure, ils finissent par échauffer certains sujets et occasionnent parfois des éruptions douloureuses aux membres, ce qui retarde le but visé.

Tourteaux de colza.— Souvent refusés dès le début par le bétail, qui, cependant, s'y habitue peu à peu, si l'on ne donne pas d'autres tourteaux séparément, car alors ils persistent à les bouder. Ces tourteaux sont ceux qui, relativement, donnent le moins de mauvais goût au lait et au beurre. On les accuse de laisser à la viande une odeur de rancité : toutefois, ils ont ce défaut à un degré bien inférieur à celui que possède le tourteau de lin.

Tourteaux d'arachides décortiqués. — Particulièrement appétés à cause de leur saveur agréable, approchant celle de la noisette, ces tourteaux sont, de tous, les plus actifs. Mais, donnés seuls, ils échauffent rapidement et causent souvent des accidents. Ils poussent particulièrement, dès le début, à la graisse de couverture.

Les tourteaux d'arachides *non décortiqués* contiennent beaucoup de crins résultant des procédés de fabrication, déchets qui nuisent à l'engraissement, en facilitant la production de bourres, ou pelotes intestinales.

Chacun de ces tourteaux a ses qualités et ses défauts par rapport à la réussite de l'engraissement, et c'est par le mélange que l'on arrive à obtenir la meilleure somme de résultats. Quel que soit le choix auquel on s'arrête, l'arachide décortiqué est toujours avantageux, parce qu'il hâte la terminaison.

Avec le *lin*, *l'arachide* doit entrer pour moitié.

Avec *l'œillette*, il ne devra pas dépasser le tiers.

Avec le *colza*, il entrera pour les deux tiers.

Les tourteaux de *noix*, de *coprah*, de *sésame*, qui sont moins fréquemment employés, donnent au lait, les deux premiers surtout, un parfum agréable.

Surveillance du bétail. — Un herbager sérieux doit voir ses bestiaux tous les jours.

La première visite se fait dès le matin, au moment où les bœufs se lèvent pour paître. On les voit alors faire des pandiculations, puis se mettre à manger; ce qui est le signe certain de la santé.

Tous les animaux d'un pacage se suivent en troupeau ; si le troupeau étant couché, une des bêtes, après un certain temps d'observation, ne rumine pas comme les autres, c'est qu'elle souffre.

En général, dès qu'une bête est malade, elle suit les autres de loin, sans manger, ni ruminer. S'il y a de la gravité, elle s'isole près d'une haie, d'un arbre; le mufle devient sec, la face se grippe, elle grince des dents ; en cette occurrence, il n'est que temps de la rentrer pour la soumettre à un traitement.

Le bœuf qui paît marche toujours à petits pas ; quelque bonne que soit l'herbe, il veut constamment choisir celle qu'il appète le mieux. Tout en broutant, il flaire toujours ; et il est rare que, dans sa pérégrination journalière, il mange deux fois au même endroit. Dédaignant les points où il y a des excréments, il tond l'extrémité des tiges, qui repoussent constamment ; son instinct lui a appris que les parties les plus nutritives sont accumulées à leur sommet.

Ce n'est pas de suite qu'un bœuf, mis en prairie, commence à prendre chair. Il reste généralement quelques semaines sans augmenter. Ce n'est qu'après s'être purgé par les herbes tendres de première pousse, que son poil s'éclaircit, que son abdomen s'arrondit et s'abaisse.

Les saillies osseuses disparaissent peu

à peu ; les vieux poils tombent ; la peau devient plus souple, plus grasse plus moelleuse ; la chair augmente de volume, puis la graisse apparaît au point des maniements.

Un bœuf mis à l'herbe, qui engraisse bien, augmente en moyenne d'un kilo chaque vingt-quatre heures. Si après deux mois d'herbage, alors que tout le troupeau croît et augmente, il se rencontre un animal efflanqué, ne prenant pas de chair, quoique mangeant bien et ne paraissant pas malade, on dit qu'il est failli. L'herbager doit se défaire de ce sujet réfractaire à l'engraissement, chez qui la nutrition, l'assimilation manquent d'activité, et qui dépense de la nourriture en pure perte.

MALADIES QUI ATTAQUENT LE PLUS COMMUNÉMENT LES BÊTES BOVINES PENDANT L'ENGRAISSEMENT AU PATURAGE.

Les bêtes à cornes, soumises à ce mode d'engraissement, se trouvent dans de bonnes conditions de santé, puisqu'elles retrouvent en partie celles où la nature les avait primitivement placées.

Accidents pléthoriques. — Malgré cela, ce repos prolongé, cette nourriture substantielle, en activant la formation du chyle réparateur, en rendant le sang très riche, très plastique, très stimulant, causent quelquefois des accidents pléthoriques, principalement sur des sujets à tempérament sanguin qui, mis au pâturage dans l'état de maigreur, reprennent trop vite de l'embonpoint. Ces accidents sont habituellement des congestions, des coups de sang, de l'hématurie, des paralysies, toutes affections très promptes et presque toujours mortelles, qu'il importe de prévenir par des saignées de précaution.

Il y a, du reste, pour les intéressés observateurs et attentifs, des signes qui dénotent sûrement la pléthore sanguine : l'animal mange moins longtemps, sa démarche est plus vive, comme saccadée; son œil est plus vif, plus coloré, comme arborisé par les veines ; sa peau, plus foncée en couleur, est souvent le siège de prurit et d'ébullition, tandis que l'anus sec et propre annonce la constipation.

Avec de tels symptômes, on doit ouvrir largement la veine et tirer 8 à 10 livres de sang, suivant la force du sujet.

Météorisme. — Le gonflement gazeux se rencontre assez souvent chez les bêtes mises en prairies, pendant le premier mois. Comme cela tient à une légère inflammation de l'appareil digestif, la saignée est également indiquée et réussit généralement.

Maladies charbonneuses. — La fièvre charbonneuse et le charbon symptomatique étaient, il y a peu de temps encore, de véritables fléaux pour certaines contrées herbagères. L'hygiène, l'observation des mesures sanitaires les avaient en partie enrayés, quand les différentes méthodes de vaccination sont venues combattre et terrasser ce terrible mal, avec ses propres armes.

Péripneumonie. — La péripneumonie, qui possède aussi son vaccin préservateur, sévit rarement sur les animaux qui nous occupent. En cas d'invasion, nous estimons que le meilleur moyen d'enrayer cette maladie est de diriger sur les abattoirs tous les animaux malades ou contaminés.

Fièvre aphteuse. — La maladie contagieuse la plus désastreuse pour les herbagers est certainement la cocotte ; non pas qu'elle compromette souvent l'existence des sujets, mais par le grand retard apporté dans l'engraissement, rendu quelquefois impossible dans l'année d'herbage.

Puis, cette maladie, très subtile, très insidieuse dans sa marche, fait de fréquentes apparitions et ne rencontre que très peu de réfractaires.

Aussi, quand elle apparaît dans une contrée, est-il presque impossible de s'en préserver et met-elle très longtemps à disparaître.

Si c'est au printemps que cette affection se présente, le meilleur moyen d'éviter trop de retard dans l'engraissement est de la communiquer à tous ses animaux à la fois, en mélangeant les malades aux sains. C'est une espèce d'inoculation, qui a pour résultat de rendre les sujets tous malades à la fois et avant que l'engraissement soit avancé. Cette manière d'opérer n'est favorable qu'autant que la cocotte est bénigne.

Plaies. — Les plaies produites par des coups de cornes et autres causes sont très longues à guérir en prairie et retardent l'engraissement des animaux blessés. Douloureusement irrités par la présence continuelle des mouches et des larves, ils se livrent à des mouvements désordonnés, mangent peu et ne tardent pas à maigrir.

En pareil cas, l'emploi des huiles minérales, — huiles de cade, empyreumatiques, — réussit toujours à amener la cicatrisation, en chassant les mouches et en détruisant les larves.

Telles sont, à peu près et sommairement, les principales affections qui attaquent les bêtes bovines à l'engrais. Elles peuvent presque toutes être évitées, ou rendues moins désastreuses par la prophylaxie, l'hygiène et les mesures sanitaires.

Régime salin. — Ajoutons que le sel marin, donné dans une sage mesure comme condiment, joue un rôle essentiel dans la production de la viande ; car il influe d'une façon considérable sur le développement et la succulence de la chair, en activant la digestion et la nutrition. De plus, il contribue beaucoup à préserver les animaux des maladies contagieuses, en donnant au sang la puissance de résister à l'envahissement des agents parasitaires et virulents.

Le seul moyen pratique de le distribuer est de placer, dans chaque pâturage, des auges contenant des blocs de sel gemme.

Les animaux viennent tour à tour le lécher, quand ils en sentent le besoin.

Bénéfices. — La somme des bénéfices

produits par chaque sujet engraissé au pâturage, est subordonnée aux considérations multiples énumérées plus haut : c'est ainsi que l'animal bien acheté, bien choisi produira plus que celui acheté dans de mauvaises conditions.

Les résultats pécuniaires varient également avec les différentes qualités des prairies d'embouches, et sont soumis fréquemment à l'influence des intempéries.

Il n'est pas jusqu'au taux du capital engagé qui n'entre en ligne de compte : tel herbager, qui emprunte à 8 0/0, gagnera moins que celui qui, mieux fortuné, se sert de ses capitaux ou trouve de l'argent à 4 ou 5 0/0.

Il y a, enfin, le chapitre des accidents et des maladies.

Toutefois, il est acquis : année moyenne, et dans les conditions ordinaires, la plus-value, prise par chaque animal pendant les 4 à 5 mois nécessaires à l'engraissement, est approximativement de 150 francs par bœuf et de

110 francs par vache. — Il est bien entendu que les premiers sont mis dans les herbages les plus riches et, par conséquent, les plus chers du fermage. — Si on admet, d'autre part, que deux hectares sont suffisants pour engraisser trois bêtes, et que chaque hectare ait une valeur locative de 100 francs, il reste environ, en retranchant le prix de fermage, 75 francs par tête, sur lesquels il faut déduire l'intérêt du capital et les frais d'exploitation.

Transactions, Statistiques.

Pour clore ce sujet, suivons les animaux sur le marché de la Villette, qu'ils alimentent, pour l'immense majorité, du mois de juin à la mi-novembre.

Le plus fort contingent est fourni par les bovidés engraissés en Normandie, — normands, manceaux, durham-manceaux. — 60,000 environ y font leur apparition pendant la saison d'herbe.

Viennent ensuite : les charolais, les

nivernais et leurs métis qui, au nombre approximatif de 30,000, concourent à l'approvisionnement de ce marché, de juillet en novembre.

Les arrivages sont complétés par des maraîchins, des salers, quelques bretons et un petit nombre de comtois.

Enfin, quelques centaines de bœufs italiens apparaissent en juin et juillet. Trop charpentés, manquant de chair et souvent de graisse, ces bœufs sont peu estimés de la boucherie.

Presque tous les animaux que nous venons d'énumérer sont vendus à forfait, à prix défendus.

Ce *modus faciendi* réclame, de la part des commissionnaires et des bouchers, de véritables connaissances pratiques ; car ils n'ont, pour calculer le poids et le rendement, que le coup d'œil d'ensemble, en tenant compte des différences de race et de la fermeté de maniements.

Rien du reste de plus aléatoire, pour les herbagers, que les cours sur les marchés de la Villette.

C'est une véritable Bourse, où les fluctuations sont subordonnées au nombre d'animaux mis en vente à chaque marché, et au plus ou moins d'activité dans la vente de la viande dans les abattoirs.

En somme, les nombreuses variations dans les cours exposent à des éventualités ruineuses les producteurs qui procèdent par gros envois.

L'herbager prudent, avisé expédie à tous les marchés par 2, par 4, suivant le nombre de bêtes qu'il possède. — Système de compensation, — car s'il subit les mauvais cours, il profite aussi des bonnes ventes.

238. — IMP. P. DUBREUIL, 18 & 18 BIS, RUE DES MARTYRS.

www.ingramcontent.com/pod-product-compliance
Lightning Source LLC
LaVergne TN
LVHW012012160826
845678LV00002B/783

* 9 7 8 2 3 2 9 6 6 3 8 7 6 *